Armin Täubner

LUSTIGE PAPIER-MASKEN

aus Tonkarton und Wellpappe

frechverlag

Von Armin Täubner sind im frechverlag zahlreiche Bücher erschienen. Hier eine Auswahl:

TOPP 2255

TOPP 2571

TOPP 2217

TOPP 2403

TOPP 2360

Fotos: frechverlag GmbH + Co. Druck KG, 70499 Stuttgart;
Fotostudio Täubner

Dieses Buch enthält:
2 Vorlagenbogen

Auflage: 6. 5. 4. 3. 2. | Letzte Zahlen
Jahr: 2003 2002 2001 2000 | maßgebend

frechverlag GmbH + Co. Druck KG, 70499 Stuttgart

ISBN 3-7724-2406-6 · Best.-Nr. 2406

Druck: frechverlag GmbH + Co. Druck KG, 70499 Stuttgart

Sicher hat sich jeder schon einmal gewünscht, jemand oder etwas anderes zu sein. Karneval, Fasching, Halloween, Kinderfeste, Theateraufführungen, Rollenspiele etc. bieten Anlässe, aus seiner Haut zu schlüpfen, durch Maske und Verkleidung die Rolle zu wechseln oder sich gar in ein Tier oder Ungeheuer zu verwandeln. Doch Masken eignen sich auch ausgezeichnet als Wand- und Raumschmuck für Partys und Feste.
Neben einfachen Augenmasken werden hier Masken verschiedener Tiere, von Teufeln, Vampiren, Marsmenschen, Clowns etc. gezeigt.
Als Arbeitsmaterial verwende ich Tonkarton, Wellpappe und Kreppapier.
Sie können die Maske mit einem Stoff- oder Gummiband direkt am Kopf befestigen oder an einem Holzstab vors Gesicht halten.
Vielleicht schmücken Sie aber auch Kinderfeste oder die Wände des Partykellers damit.

Masken -

1. Pausen Sie alle Maskenteile ohne Überschneidungen mit Bleistift auf Transparentpapier ab. Kleben Sie das Transparentpapier auf einen dünnen Karton.

2. Schneiden Sie die Teile aus. Das sind Ihre Schablonen.

3. Übertragen Sie die Umrisse der Schablone auf Tonkarton bzw. auf die glatte Rückseite der Wellpappe. Wenn Sie eine Wellpappemaske anfertigen wollen, müsssen Sie zusätzlich den Verlauf der Wellenstruktur beachten, er ist auf dem Vorlagenbogen mit einem Doppelpfeil angegeben.

Arbeitsschritte

4. Schneiden Sie die Maske und die weiteren Teile aus. Für die meisten Schneidearbeiten, vor allem aber für das Herausschneiden der Augen-, Nasen- und Mundöffnungen eignet sich der Cutter besser als die Schere.

5. Nun werden die ausgeschnittenen Maskenteile zusammengeklebt und die Löcher für das Gummi- oder Stoffband mit der Lochzange ausgestanzt oder mit dem Cutter eingeschnitten. Die Löcher befinden sich stets in Augenhöhe. Zum Anknoten des Gummibandes genügt jeweils ein Loch an beiden Seiten der Maske. Wenn Sie zwei Löcher nebeneinander ausstanzen bzw. einstechen, können Sie das Band schon vor den Maskenohren anknoten, so daß die Ohren nach vorne geklappt werden können. Wenn Sie Stoffbänder verwenden, wird an jeder Maskenseite ein Stoffband angeknotet. Die Bandenden werden am Hinterkopf des Maskenträgers zu einer Schleife zusammengebunden.

Einer ist dick, einer ist doof!

Material: *Tonkarton in Maisgelb oder Apricose, Kreppapier in Schwarz*
Maskenhöhe: *ca. 26-27 cm*

Schneiden Sie den Maskenumriß nach. Die Augenhöhlen werden mit dem Cutter herausgeschnitten. Auch zum Nachschneiden der Nase verwenden Sie am besten den Cutter. Die gestrichelte Linie auf dem Nasenrücken wird nur angeritzt, damit die Nase aufgeklappt werden kann. Als Haare, Bart und Augenbrauen kleben Sie ca. 1 cm breite Kreppapierstreifen auf.

Lausbub

Material: *Tonkarton in Maisgelb oder Apricose, Schwarz und Weiß, Kreppapier in Schwarz*
Maskenhöhe: *ca. 21 cm*

Die Maske wird wie die nebenstehenden Masken gearbeitet.

Vampir

Material: *Tonkarton in Schwarz, Weiß und Rot*
Maskenhöhe: *ca. 22 cm*

Schneiden Sie sämtliche durchgezogenen Linien mit dem Cutter nach.
Die gestrichelten Linien an der Nase und am Ohrenansatz werden nur angeritzt, damit die Nase auf- und die Ohren umgeklappt werden können. Nun werden Augenbrauen, Pupillen und Zähne ausgeschnitten und angeklebt.

Lachende Vampire

Material: *Tonkarton in Schwarz, Weiß, Grün und Rot*
Maskenhöhe: *ca. 27 cm*

Bei der Maske werden Gesicht und Gebiß als ein Teil ausgeschnitten. Für die grüne Maske schneiden Sie die Mundöffnung (gepunktete Linie) heraus. Das Gebiß wird separat aus weißem Tonkarton ausgeschnitten. Kleben Sie die Lippen, die Brauen und die Haare auf. Die dreieckigen Pupillen werden mit Filzstift schwarz angemalt.

Birne

Material: *Tonkarton in Gelb, Dunkelbraun, Weiß und Grün*
Maskenhöhe: *ca. 30 cm*

Diese Maske wird ebenso wie die Apfelmaske gearbeitet.
Die Augen der Obstmade sind schwarze und weiße Klebepunkte (8 und 12 mm ø).

Apfel

Material: *Tonkarton in Rot und Dunkelbraun*
Maskenhöhe: *ca. 20 cm*

Schneiden Sie sämtliche durchgezogenen Linien mit Schere und Cutter nach. Damit die Nase aufgeklappt werden kann, wird die gestrichelte Linie auf dem Nasenrücken nur angeritzt. Abschließend wird noch der Stiel sowie der braune Blütenrest auf der gegenüberliegenden Seite angeklebt.

Kürbisgeister

Material: *Tonkarton in Gelb, Orange und Hellgrün*
Maskenhöhe: *21 cm und 25 cm*

Gruselköpfe

Material: *Regenbogen-Fotokarton*
Maskenhöhe: *ca. 27 cm*

Teuflisches Duo

Material: *Tonkarton in Rot und Schwarz*
Maskenhöhe: *ca. 29 cm*

Drei Waldgeister

Material: *Tonkarton in Hellbraun, Beige oder Maisgelb*
Maskenhöhe: *ca. 28 cm*

Insekten

Material: *Regenbogen-Fotokarton*
Maskenhöhe: *ca. 26 cm*

Augenmasken aus Wellpappe

Material: *Wellpappe in Rot, Blau und Gelb*
Maskenhöhe: *ca. 7 cm*

Übertragen Sie den Umriß der Schablone auf die glatte Rückseite der Wellpappe. Beachten Sie den senkrechten Verlauf der Wellenstruktur (vgl. Doppelpfeil auf dem Vorlagenbogen). Die Maske wird mit dem Cutter ausgeschnitten (Schneideunterlage nicht vergessen!).

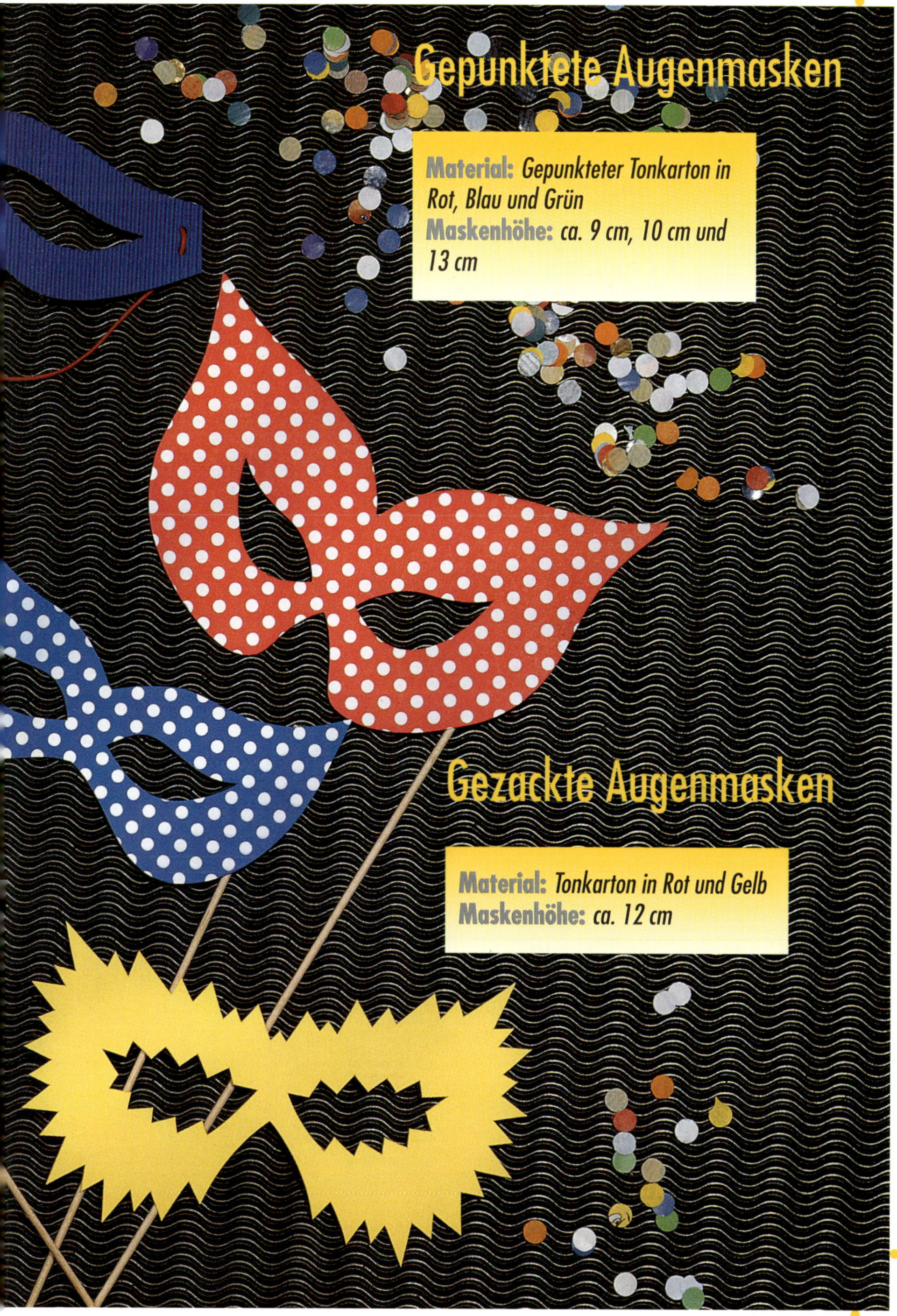

Gepunktete Augenmasken

Material: *Gepunkteter Tonkarton in Rot, Blau und Grün*
Maskenhöhe: *ca. 9 cm, 10 cm und 13 cm*

Gezackte Augenmasken

Material: *Tonkarton in Rot und Gelb*
Maskenhöhe: *ca. 12 cm*

Vögel

Material: *Tonkarton in Gelb, Pink, Hell- und Dunkelblau*
Maskenhöhe: *ca. 19 cm*

Aus dem Vogelkopf werden mit dem Cutter die runden Augenhöhlen herausgeschnitten. Ritzen Sie den gelben Schnabel auf dem Rücken entlang der gestrichelten Linie mit Cutter und Lineal an. Nun drehen Sie den Schnabel um und ritzen ihn an der geraden Seite entlang der Strich-Punktlinie an.

Es folgen kurze Einschnitte vom Rand bis zur Strich-Punktlinie (gepunktete Linien). Die kleinen Flächen zwischen den gepunkteten Linien werden umgeklappt, mit Klebstoff bestrichen und so am Kopf befestigt, daß sie von vorne nicht sichtbar sind. Erst jetzt kleben Sie die Augen auf.

Hase

Material: *Tonkarton in Rehbraun, Schwarz und Weiß*
Maskenhöhe: *ca. 32 cm*

Diese Maske wird wie die Katzenmasken auf Seite 23 gearbeitet.

Fuchs und Wolf

(Abbildung Seite 21)

Material: *Tonkarton in Orange, Schwarz und Weiß bzw. in Schwarz, Grau und Gelb*
Maskenhöhe: *ca. 21 cm*

Mit dem Cutter werden sämtliche durchgezogenen Linien nachgeschnitten. Ritzen Sie die Strich-Punktlinie am Schnauzenansatz nach. Nun wird die Maske umgedreht, und die beiden parallelen, gestrichelte Linien werden ebenfalls angeritzt. Die Schnauze kann jetzt nach oben und die beiden schmalen Seitenflächen (der Schnauze) können nach unten geklappt werden.
Kleben Sie noch die Nase, die Pupillen und die hellen Ohreninnenflächen an.

Mäuse

(Abbildung Seite 22)

Material: *Tonkarton in Grau und Weiß*
Maskenhöhe: *ca. 20 cm*

Schneiden Sie die äußere Kontur (durchzogene Linie) mit der Schere oder mit dem Cutter nach (Schneideunterlage nicht vergessen!). Dabei wird die Schnauze bis zur gestrichelten Linie auf dem Schnauzenrücken eingeschnitten. Ritzen Sie diese Linie leicht mit dem Cutter an, damit sich die Schnauze nach außen bzw. vorne klappen läßt. Die Augenhöhlen lassen sich am besten mit dem Cutter herausschneiden.
Kleben Sie nun die schwarze Nase und die runden, weißen Ohrinnenflächen an.
Zusätzlich können Sie noch die ovalen, schwarzen Pupillen von hinten in die Augenhöhlen kleben.

Katzentrio

(Abbildung Seite 23)

Material: *Tonkarton in Schwarz, Weiß, Grau und Rosa*
Maskenhöhe: *17 cm*

Schwarze und weiße Maske:
Schneiden Sie mit dem Cutter sämtliche durchgezogenen Linien nach (Ausnahme: Barthaare und der kurze, senkrechte Strich in der Schnauzenmitte). Nun wird die kurze, gepunktete Linie am Schnauzenansatz angeritzt.
Drehen Sie die Maske um, und ritzen Sie hier die kurze Strich-Punktlinie an. Jetzt kann die Schnauze an der ersten Ritzlinie (gepunktet) nach oben und an der zweiten Ritzlinie wieder nach unten geklappt werden. Kleben Sie die Nase und die Ohrinnenflächen an.
Abschließend werden noch mit einem schwarzen Filzstift die Barthaare und der senkrechte Mittelstrich auf der Schnauze aufgemalt.
Wie die **graue Maske** (einfache Version) gearbeitet wird, können Sie auf den Seiten 4 und 5 nachlesen.

Mäuse

(Anleitung Seite 20)

Katzentrio

(Anleitung Seite 20)

Clown

Material: *Tonkarton in Weiß, Rot, Orange, Schwarz, Hell- und Dunkelblau*
Maskenhöhe: *ca. 25 cm*

Die Umrisse sämtlicher Schablonen werden auf Tonkarton übertragen. Schneiden Sie die Teile aus, und kleben Sie die Maske zusammen. Die Ohren werden auf der Rückseite an den gestrichelten Linien angeritzt und nach vorne geklappt.

Marsmenschen

(Anleitung Seite 26)

Marsmenschen

(Abbildung Seite 25)

Material: *Wellpappe in Grün und Weiß, Tonkarton in Weiß*
Maskenhöhe: *ca. 27 cm*

Übertragen Sie die Konturen der Maske auf die glatte Rückseite der grünen Wellpappe. Mit dem Cutter werden sämtliche durchgezogenen Linien nachgeschnitten. Auf der Maskenrückseite werden die gestrichelten Linien am Nasen- und Ohrenansatz mit dem Cutter angeritzt und nach vorne umgeklappt. Drehen Sie die Maske um, ritzen Sie auf der Nase die Strich-Punkt-Linie an, und knicken Sie sie nach hinten um. Nun werden noch die Augen (weißer Tonkarton) und die Antennen angebracht. Beide Masken unterscheiden sich in der Anordnung der Augen und der Antennen.

Afrikanische Maske

(Abbildung Seite 27)

Material: *Wellpappe in Beige (Natur) und Braun*
Maskenhöhe: *ca. 30 cm*

Übertragen Sie die Konturen der Schablone auf die glatte Rückseite der Wellpappe. Beachten Sie dabei den senkrechten Verlauf der Wellenstruktur. Die Maske wird mit dem Cutter ausgeschnitten. Verzieren Sie die Maske mit schmalen, braunen Wellpappestreifen. Auch beim Aufkleben der Wellpappestreifen achten Sie auf den senkrechten Verlauf. Zusätzlich können noch die Ränder der Öffnungen vom Mund, Nase und Augen mit einem dunkelbraunen Filzstift konturiert werden. Weitere Akzente können Sie mit einem schwarzen Lackstift setzen, indem Sie z.B. unter den Augen in regelmäßigen Abständen kleine Punkte auftupfen.

Frankenstein

(Abbildung Seite 28)

Material: *Wellpappe in Natur oder Beige, Tonkarton in Schwarz*
Maskenhöhe: *ca. 32 cm*

Achten Sie beim Übertragen der Konturen der Schablone auf die glatte Rückseite der Wellpappe auf den senkrechten Verlauf der Wellenstruktur (vgl. Doppelpfeil auf dem Vorlagenbogen). Schneiden Sie sämtliche durchgezogenen Linien mit dem Cutter nach. Die gestrichelten Linien an der Nase werden auf der glatten Rückseite mit Lineal und Cutter angeritzt und nach vorne aufgeklappt. Kleben Sie nun die Augenlider (Wellpappe, senkrechte Wellenstruktur) sowie die Augenbrauen, die Haare und die Pupillen (Tonkarton) an.

Faunpaar

(Abbildung Seite 29)

Material: *Tonkarton und Kreppapier in Hell- und Dunkelgrün*
Maskenhöhe: *ca. 29 cm*

Zerknüllen Sie das Kreppapier, das etwa doppelt so groß sein sollte wie die Maske.
Nun wird die ausgeschnittene Maske mit Klebestift oder Kleister eingestrichen und dann das zerknüllte Kreppapier aufgedrückt.
Schneiden Sie den Maskenumriß grob (nicht exakt) mit der Schere nach. Augen und Nase werden nur eingestochen und mit dem Finger erweitert.

Frankenstein

(Anleitung Seite 26)

Faunpaar

(Anleitung Seite 26)

Steinbeißer

Material: *Tonkarton in Maisgelb (Apricose), Braun und Weiß*
Maskenhöhe: *ca. 19 cm*

Piranhas

Material: *Wellpappe in Grün, Tonkarton in Rot, Weiß und Gelb*
Maskenhöhe: *ca. 20 cm*

Die Konturen der Schablone werden auf die glatte Rückseite der Wellpappe übertragen. Die Wellenstruktur sollte dabei senkrecht verlaufen, weil sich sonst die Maske nicht biegen läßt.

Nun wird die Maske mit dem Cutter ausgeschnitten. Kleben Sie das Gebiß, das Maul und die Augen auf. Die Pupillen sind schwarze Klebepunkte (ø 8 mm).

Bunt, wie der Regenbogen

Material:
Regenbogen-Fotokarton
Maskenhöhe:
ca. 26 bzw. 27 cm